AF240265

ASSOCIATION FRANÇAISE

POUR

L'AVANCEMENT DES SCIENCES

CONGRÈS DE LILLE

1874

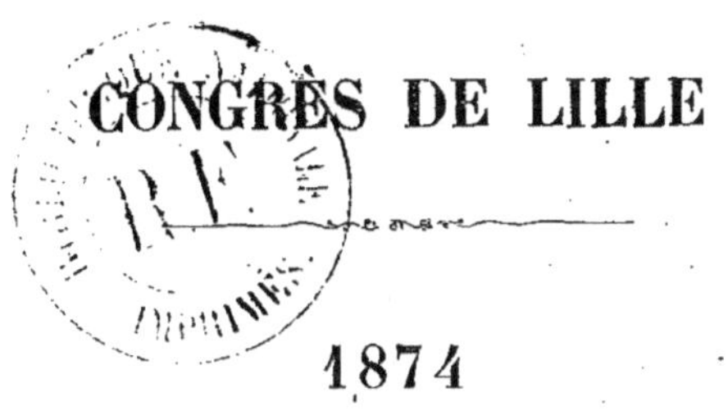

M.

PARIS

AU SECRÉTARIAT DE L'ASSOCIATION

76, rue de Rennes.

POUR L'AVANCEMENT DES SCIENCES

Congrès de Lille — 1874.

M. le Dr Samuel POZZI

Aide d'anatomie à la Faculté de médecine de Paris.

DE LA VALEUR DES ANOMALIES MUSCULAIRES AU POINT DE VUE DE L'ANTHROPOLOGIE ZOOLOGIQUE

— *Séance du 24 août 1874.* —

I.

Lorsqu'on lit les ouvrages classiques d'anatomie humaine, on est frappé de la rigueur inflexible et de l'étroite minutie de leurs descriptions.

On serait tenté de croire d'après eux que chaque organe affecte des formes et des connexions d'une constance absolue.

A la vérité, quelques auteurs ont bien pris le soin d'indiquer avec la description du type le plus fréquent celle des variations principales qu'il peut subir. Mais ces essais, très-incomplets du reste, sont restés isolés. N'étant rattachées à aucune vue d'ensemble, les conformations anomales n'offraient au lecteur qu'une énumération fastidieuse et stérile. Aussi, voyons-nous l'ouvrage le plus considérable qui ait été récemment publié en France sur l'anatomie s'abstenir de toute indication de ce genre, à l'exception des anomalies artérielles que leur importance chirurgicale ne permettait pas de négliger entièrement.

Une pareille méthode donne une fausse idée de la nature. Elle suppose dans l'objet de son étude une constance qui est illusoire; elle impose une rigueur absolue à ce qui n'est très-souvent qu'une moyenne sujette à osciller entre certaines limites.

Nulle part cette variabilité des organes n'est plus apparente que dans la myologie. Depuis que mon attention est attirée sur ce sujet, j'ai eu l'occasion d'observer un très-grand nombre de cadavres. Or, je n'ai pas souvenir d'en avoir rencontré *un seul* qui ne présentât une ou plusieurs

anomalies. Je citerai à l'appui de ce fait l'expérience considérable de
Wood. Dans l'hiver de 1866-67 à King's College de Londres, cet éminent
anatomiste n'a pas relevé moins de 295 anomalies des muscles sur
34 cadavres. *(Proceedings of the Royal Soc. of London*, vol. XV, p. 518.)
Pour certains muscles, l'anomalie est même tellement fréquente qu'elle
a pu être prise pour l'état normal par un homme de l'autorité de
M. Sappey, ainsi que je l'ai indiqué pour le muscle court péronier laté-
ral. *(Journal de l'anatomie et de la physiologie*, de M. Ch. Robin, nu-
méro de mai 1872.)

On peut établir une division dans l'étude des muscles anomaux.
Parmi eux, il en est qui forment une classe à part; ils semblent consti-
tuer chez l'homme des organes nouveaux, dont rien dans les dispositions normales n'indiquait même l'existence rudimentaire.

Dans une seconde classe d'anomalies se rangent les dispositions ex-
ceptionnelles d'organes normalement existant.

En continuant cette classification artificielle, on pourrait subdiviser ce
second groupe en anomalies par excès et par défaut, etc. — Mais cette
taxinomie ne nous apprendrait rien sur leur valeur réelle. Pour éclai-
rer celle-ci d'un nouveau jour, il faut l'étudier à la lumière de l'anatomie comparée. Une fois mis sur cette voie, on ne tarde pas à reconnaître que la grande majorité des *anomalies* n'est que la reproduc-
tion d'un état normal chez des espèces différentes. Dès lors, cette
question, jusque-là simple objet de curiosité à peine digne de former
une dépendance de la tératologie, prend une place capitale dans l'anatomie philosophique.

II.

La majorité des anomalies musculaires, ai-je dit, rappelle un état
normal chez une espèce inférieure. Les particularités de ce genre ont
reçu depuis longtemps les noms de faits de *retour* ou de *réversion* em-
pruntés à la théorie transformiste.

Un premier groupe de ces *anomalies réversives* comprend des muscles totalement étrangers au type humain normal. J'en citerai quelques
exemples pour en donner une idée :

1° Il est un muscle de la poitrine que l'on rencontre chez beaucoup
de mammifères inférieurs et jusque chez les singes cynocéphales. Il se
compose d'une bande musculaire étendue sur les côtés du sternum entre les insertions du sterno-cléido-mastoïdien et celles du droit de
l'abdomen.

Ce muscle, appelé *sternalis brutorum* ou *rectus thoracis*, se trouve
accidentellement chez l'homme. J'ai eu l'occasion de l'observer deux
fois et la fig. 1, planche VII, en reproduit un beau spécimen.

2° On trouve chez beaucoup de quadrupèdes, sur la partie latérale du cou, un muscle assez puissant qui s'étend de l'acromion ou de la partie externe de la clavicule à l'apophyse mastoïde et aux apophyses transverses des vertèbres cervicales supérieures. Ce muscle, nommé *acromio-basilaire*, par Vicq d'Azyr, *acromio-trachélien*, par Cuvier, *levator claviculæ* par d'autres auteurs, est très-volumineux chez les cynocéphales et se retrouve chez beaucoup d'autres animaux. Wood (*loc. cit.*, vol. XIII, p. 300, et vol. XIV, p. 379) l'a trouvé normalement chez l'homme à plusieurs reprises.

« Il s'insérait, dit-il, en haut aux tubercules postérieurs des apophyses transverses de la 2ᵉ et 3ᵉ vertèbre cervicale avec les fibres de l'angulaire de l'omoplate. Son corps charnu, large d'un pouce, se dirigeait en bas, en avant et en dehors, et s'insérait au tiers externe de la clavicule, derrière les fibres du trapèze, en face du tubercule de la clavicule où s'attache le ligament conoïde. » — Macalister (*Proc. Irish Acad.*, X, p. 124) a cru pouvoir établir qu'il existe chez un sujet sur soixante.

3° Chez les pithéciens et jusque chez le chimpanzé, le tendon du grand dorsal donne naissance à une bande musculaire qui va s'insérer sur l'épitrochlée; c'est ce qu'on appelle le muscle *dorso-épitrochléen*, parfaitement distinct du grand dorsal, comme le montre son innervation différente. (*Journal of Anat. and Phys.*, 2ᵉ série, n° IX, p. 180.) Ce muscle si particulier a été rencontré chez l'homme par Bergman, Halbertsma, Wood, etc.

Je l'ai observé à trois reprises.

4° Chez le gorille, au-dessous du corps charnu du grand pectoral, il y en a un second qui naît de la sixième et de la septième côte et qui est séparé du premier par un long interstice où passe l'une des divisions du prolongement axillaire du sac aérien. Cette disposition établit la transition entre le type de l'homme et celui des singes quadrupèdes qui possèdent un *troisième pectoral*. Chez le cynocéphale sphinx, ce troisième pectoral naît vers le niveau des cinquième, sixième et septième côtes de l'aponévrose antérieure du grand droit avec laquelle il entre-croise ses fibres, et va se terminer sur l'extrémité supérieure de l'humérus. Le petit pectoral proprement dit, entièrement distinct du précédent, naît du bord externe du sternum immédiatement au-dessous du grand pectoral qui le recouvre.

La figure 2 (pl. VII) reproduit un troisième pectoral que j'ai trouvé chez l'homme, et qui est, sinon semblable, au moins très-analogue et comparable aux types précédents dont j'ai emprunté la description à (M. Broca (*l'Ordre des Primates*, p. 91).

Je pourrais multiplier les exemples de ces muscles entièrement nouveaux chez l'homme, qui s'y rencontrent exceptionnellement. Mais il serait trop long de décrire successivement le *peroneus quinti digiti*, l'*abductor ossis metatarsii minimi digiti*, l'*épitrochleo-anconeus*, et tant d'autres dont nous devons surtout la connaissance aux belles recherches de Wood.

Il me suffit d'avoir nettement établi l'existence de ce premier ordre de faits.

Une seconde classe d'anomalies qui n'est peut-être pas moins intéressante est constituée par la modification du type normal d'un muscle humain, qui le rapproche d'un type inférieur. Nous citerons de ce nombre : le développement exagéré des muscles auriculaires, la décussation des fibres antérieures des digastriques, l'insertion élevée du rhomboïde, l'existence de faisceaux supplémentaires reliant l'angulaire de l'omoplate au grand dentelé (fig. 1, pl. VIII), l'indépendance du faisceau atloïdien du même muscle angulaire (fig. 2, pl. VIII), la présence d'intersections aponévrotiques dans les muscles sterno-hyoïdien et sterno-thyroïdien, la séparation très-nette des trois portions du grand pectoral, l'indépendance de la portion interne de l'extenseur commun des orteils, le faisceau du court péronier destiné au cinquième orteil, la division du tendon du jambier antérieur, etc.... . C'est encore à ce groupe d'anomalies que se rattache l'existence si fréquente d'un *cléido-occipital* formé par la prolongation des insertions du sterno-cléido-mastoïdien sur la ligne courbe supérieure de l'occipital, ce qui constitue pour ce muscle un troisième faisceau ordinairement indépendant (fig. 3, pl. VIII). Ce faisceau accessoire, dont j'ai observé plusieurs exemples, a été depuis longtemps indiqué par Meckel. Il représente une portion du muscle *céphalo-huméral* des animaux. Notons encore ici la remarquable insertion du biceps trifurqué sur le tendon du grand pectoral et à la capsule fibreuse de l'articulation scapulo-humérale, à rapprocher de ce qu'on trouve chez le gibbon (fig. 4, pl. VIII).

Je ne veux pas terminer cette rapide énumération sans mentionner les rudiments du muscle *lombo-stylien* décrits par M. Broca chez les animaux à queue, qu'a rencontrés chez deux nègres M. Chudzinski. En écartant les muscles sacro-lombaires et long dorsal, cet anatomiste distingué vit profondément deux languettes musculaires s'isoler de la masse commune des muscles longs du dos ; ces deux languettes, après un court trajet, se fixaient aux tubercules inférieurs des apophyses articulaires de la première et de la deuxième vertèbre lombaire qui représentent les apophyses styloïdes des animaux. (*Revue d'anthropologie* publiée sous la direction de M. Broca, tome III, n° 1, p. 25.)

Les anomalies de cette sorte ne seraient-elles point plus fréquentes chez certaines races humaines que chez les autres? Les travaux publiés jusqu'à ce jour ne sont pas assez nombreux pour qu'on puisse faire à cette question une réponse définitive. Cependant si l'on compare les relevés faits par Wood avec les détails que nous possédons soit sur les muscles d'une boschimane (H. Flower et James Murrie, *Journal of Anat. and Phys.*, 1st series, n° 2), soit sur les nègres (Chudzinski, *loco citato*), on peut remarquer le fait suivant : Les anomalies du premier groupe que j'ai établies sont tout aussi fréquentes chez le blanc ; mais celles du second groupe, relatives à une simple tendance réversive des muscles normaux, paraissent être plus abondantes dans la race nègre. Il y a là un intéressant sujet d'étude poursuivi avec une rare intelligence par l'anatomiste que je viens de citer.

III.

Outre ces anomalies musculaires *réversives*, c'est-à-dire que nous pouvons rapprocher de types inférieurs, il en est beaucoup d'autres qui sont restées pour nous sans analogues dans l'échelle animale.

Telles sont par exemple la plupart des variétés si nombreuses des muscles du larynx, etc.; la subdivision désordonnée en plusieurs faisceaux de certains autres (Voy. fig. 2, pl. VIII), etc.

Ces faits méritent à coup sûr d'être signalés avec soin ; et bien qu'on puisse en diminuer la valeur en arguant de l'insuffisance de nos connaissances en anatomie comparée, il ne faut pas la perdre de vue. Peut-être un jour serons-nous capables d'élucider ce point obscur. Actuellement nous ne pouvons le tenter, et nous nous occuperons seulement ici des anomalies dites *par retour*.

Le nombre de celles-ci est assez considérable, leur fréquence est assez notable, leur type assez persistant, pour qu'on soit porté à attribuer leur production à une influence directrice, à une force organique distincte.

Quel est ce facteur commun ?

On ne peut invoquer ici l'arrêt de développement, les muscles ne passant pas chez l'embryon par des états intermédiaires semblables à ceux qui constituent leurs anomalies. Cette théorie ne s'applique qu'aux faits d'absence congénitale de certains muscles, circonstance fréquente pour certains d'entre eux (petits palmaires, pyramidaux), mais très-rare pour la plupart de ces organes.

Cherchera-t-on la solution du problème dans une sorte d'adaptation anatomique sollicitée par des fonctions physiologiques exceptionnellement complexes, adaptation fixée ensuite par l'hérédité?

Je ne m'arrêterai pas à combattre une hypothèse aussi peu vraisemblable, car il faudrait d'abord montrer l'utilité de ces anomalies et ensuite leur transmission héréditaire ; enfin, s'il en était ainsi, on ne comprendrait guère pourquoi elles ne se seraient pas généralisées à toute l'espèce. Disons seulement à ce propos que parmi les anomalies il en est beaucoup qui entravent plutôt qu'elles ne favorisent les fonctions, comme par exemple, l'insertion du digastrique à l'angle du maxillaire, etc...

Il ne reste, il faut le reconnaître, que deux manières de se rendre compte de ces retours incontestables vers les types inférieurs.

De ces deux théories, la première n'en est pas une. Elle se borne à constater le fait et à le rattacher à un problème antérieur devant lequel elle a déjà proclamé l'impuissance de la science. Ce problème, c'est ce qu'on a appelé l'*unité de plan dans le règne animal*. A vrai dire, la production sporadique chez un animal quelconque d'un type appartenant à un de ses voisins n'est ni plus ni moins inexplicable que la production constante chez l'un et chez l'autre de dispositions anatomiques analogues.

Certains savants se contenteront donc de cette simple vue générale.

D'autres, plus impatients, ont cherché à pénétrer le mystère, et ils ont trouvé une interprétation rationnelle de ces deux groupes de phé-nomènes dans la doctrine de l'Évolution; elle explique la sériation animale par la filiation, et les anomalies réversives par l'atavisme.

Bien des observateurs attendent, pour se déclarer partisans de cette théorie, qu'elle ait réuni un plus grand nombre de preuves qu'elle n'en possède déjà. Mais personne, même parmi ceux qui croient devoir con-server encore une pareille réserve, ne peut se refuser à constater impar-tialement les faits qui peuvent faire pencher la balance en sa faveur.

Quel que soit, du reste, le parti qu'on adopte à l'égard du transfor-misme, il est une conclusion indiscutable qui ressort de l'étude des ano-malies réversives : En nous montrant les ressemblances qui, jusque dans les accidents de sa structure, unissent l'homme à ses voisins, elle resserre encore les liens qui le rattachent à la famille des Primates, et démontre la fragilité de certains arguments invoqués pour établir zoolo-giquement entre nous et les anthropoïdes une différence *ordinale*.

Non, ce n'est pas dans telle ou telle divergence des appareils osseux et musculaire sujette à s'atténuer sporadiquement, pas plus que ce n'est dans les *plis de passage* du cerveau (1) que se trouve la différence essen-tielle. En attribuant une importance démesurée à des particularités ana-tomiques moindres après tout que celles qui séparent le dernier des anthropoïdes du premier des pithéciens, on compromet la dignité

____

(1) Voy. à ce sujet l'article CIRCONVOLUTION du *Dict. encycl. des sciences médicales*. G. Masson, éditeur.

de notre espèce bien plus qu'on ne la relève. C'est ailleurs, c'est plus haut qu'éclate une supériorité capable de satisfaire notre orgueil, et chaque progrès accompli dans nos connaissances, alors même qu'il viendrait établir notre parenté, est une nouvelle preuve de l'abîme qui nous sépare.

EXPLICATION DES PLANCHES

Planche VII.

Fig. 1. — *Sternalis brutorum* (femme de 28 ans).
    a. Chef sternal du sterno-cléido-mastoïdien.
    b. Grand pectoral recouvert de son aponévrose.
        Il s'attache directement à la sixième côte et n'a pas d'insertion à l'apo-
        névrose abdominale.
    c. *Sternalis brutorum* ou *droit thoracique.*
        Les tendons des faisceaux sternaux des muscles sterno-cléido-mastoï-
        diens passent en avant du sternum et se soudent l'un à l'autre en pre-
        nant des adhérences au sternum à la hauteur de la deuxième côte. Ce
        tendon commun se bifurque de nouveau, et chacun des tendons ainsi
        formés est suivi d'un ventre charnu large d'environ $0^m,03$ à droite, $0^m,02$
        à gauche. Une insertion supplémentaire est prise sur le sternum par le
        faisceau droit. Les deux petits muscles anormaux se dirigent de haut en
        bas et de dedans en dehors pour aller s'insérer par un court tendon
        aplati au sixième cartilage costal.

Fig. 2. — *Troisième pectoral* (homme de 25 ans).
    a. a. a. a′ Grand pectoral disséqué et relevé par des érignes.
    b. petit pectoral.
    c. deltoïde.
    d. Troisième pectoral, inséré inférieurement aux cinquième, sixième, septième
        et huitième côtes, supérieurement au tendon du grand pectoral.

Planche VIII.

Fig. 1. — *Continuation anormale de l'angulaire de l'omoplate et du grand dentelé*
        (homme de 50 ans).
    a. a. a. Angulaire de l'omoplate.
    b. Faisceau de ce muscle, qui va se joindre au grand dentelé et s'insérer avec
        lui à la première côte.
    c. Grand dentelé, visible sous l'omoplate relevée par des érignes.
    d. Splénius.

Fig. 2. — *Anomalies multiples de l'angulaire de l'omoplate.*
    a. Faisceau supérieur qui s'attache à l'apophyse transverse de l'atlas.
    b. Première portion de ce faisceau, soulevée par une érigne, qui va se jeter
        dans le splénius.
    c. Deuxième portion de ce faisceau, allant s'insérer aux apophyses épineuses
        des deux dernières vertèbres cervicales, en entre-croisant ses fibres
        tendineuses avec celles du petit dentelé supérieur.
    d. Troisième portion du faisceau supérieur de l'angulaire, qui s'insère au
        bord spinal de l'omoplate, au-dessus de l'épine, après avoir donné
        quelques fibres au faisceau inférieur.
    e. e. Faisceau inférieur du muscle angulaire, inséré en haut aux tubercules
        postérieurs des apophyses transverses des deuxième, troisième, quatrième
        et cinquième vertèbres cervicales.
        En bas, ce faisceau se bifurque ; le premier chef de bifurcation va se
        jeter dans le transversaire du cou ; le second chef, qui est le plus volu-
        mineux, va s'insérer à l'angle supérieur de l'omoplate, après avoir
        reçu un trousseau de fibres musculaires qui le relie au faisceau supé-
        rieur du muscle.

AH*

Fig. 3. — *Cléido-occipital.*

    a. Chef sternal du sterno-cléido-mastoïdien (maintenu en place par une épingle).

    b. b. Chef claviculaire de ce muscle, représenté par deux faisceaux de fibres qui naissent en arrière de l'apophyse mastoïde (fortement bi-tuberculée) et se réunissent au chef précédent à des hauteurs différentes.

    c. Troisième chef de ce muscle ou cléido-occipital, dont l'insertion supérieure se fait très en arrière sur la ligne courbe de l'occipital, et l'insertion inférieure sur la clavicule.

Fig. 4. — *Troisième faisceau du biceps brachial* (femme de 25 ans).

    a. Tendon du grand pectoral, soulevé par une érigne.

    b. Courte portion du biceps, confondue avec le coraco-brachial et insérée à l'apophyse coracoïde.

    c. Longue portion du biceps coupée au point où elle s'engage dans la gouttière bicipitale de l'humérus.

    d. Faisceau anormal du biceps coupé au-dessus du tendon du grand pectoral, qu'il a traversé en se soudant à lui sans cesser d'en être distinct. Ce faisceau, réduit à des fibres tendineuses, va s'insérer supérieurement sur la capsule de l'articulation scapulo-humérale, et, par son intermédiaire, au grand trochanter.

    h. Artère humérale.

    m. Nerf médian.

    r. Nerf radial.

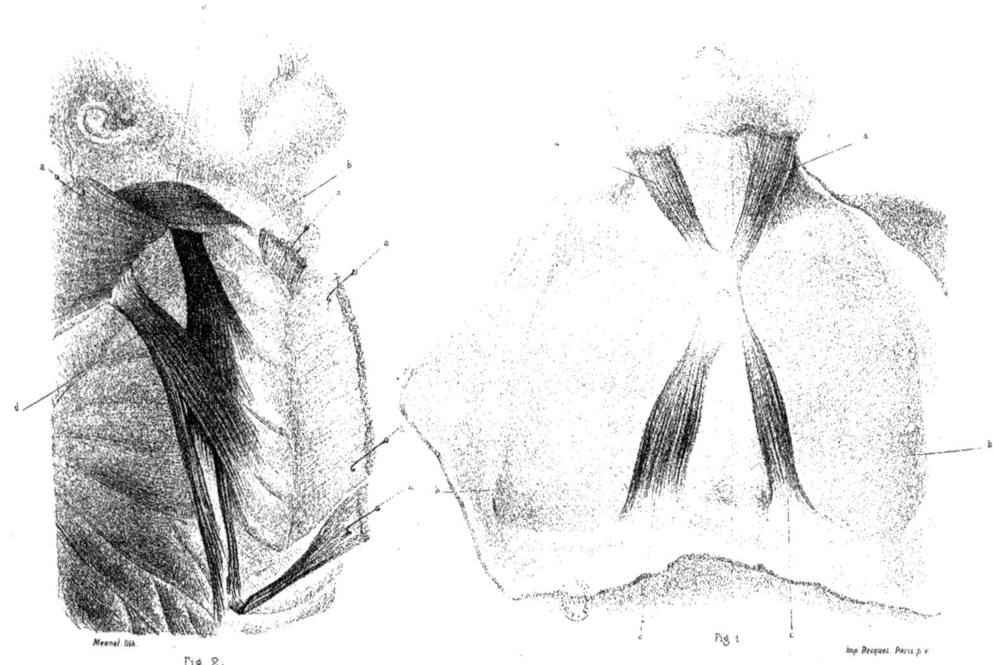

Dr SAMUEL POZZI __ De la valeur des anomalies musculaires au point de vue de l'Anthropologie Zoologique

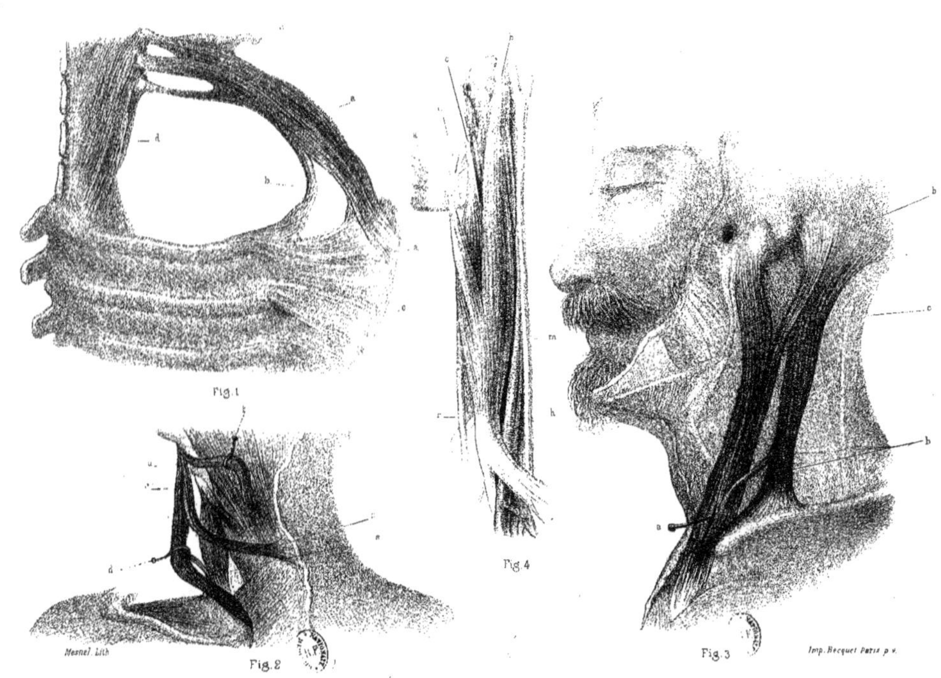

Dʳ SAMUEL POZZI.   De la valeur des anomalies musculaires, au point de vue de l'Anthropologie Zoologique.

ASSOCIATION FRANÇAISE
POUR L'AVANCEMENT DES SCIENCES

EXTRAIT DES STATUTS ET RÈGLEMENT

Votés par l'Assemblée générale du 27 août 1874.

STATUTS.

Art. 4. — L'Association se compose de membres fondateurs et de membres ordinaires ; les uns et les autres sont admis, sur leur demande, par le Conseil.

Art. 5. — Sont membres fondateurs les personnes qui auront souscrit à une époque quelconque une ou plusieurs parts du capital social : ces parts sont de 500 francs.

Art. 7. — Tous les membres jouissent des mêmes droits. Toutefois les noms des membres fondateurs figurent perpétuellement en tête des listes alphabétiques, et les membres reçoivent gratuitement pendant toute leur vie autant d'exemplaires des publications de l'Association qu'ils ont souscrit de parts du capital social.

RÈGLEMENT.

Art. 1er. — Le taux de la cotisation annuelle des membres non fondateurs est fixé à 20 francs.

Art. 2. — Tout membre a le droit de racheter ses cotisations à venir en versant une fois pour toutes la somme de 200 francs. Il devient ainsi membre à vie.

La liste alphabétique des membres à vie est publiée en tête de chaque volume, immédiatement après la liste des membres fondateurs.

Les souscriptions sont reçues :

Au Secrétariat, 76, rue de Rennes;

Chez M. Masson, *trésorier*, 17, place de l'École-de-Médecine.

Les souscriptions des membres fondateurs peuvent être versées en une seule fois,
ou en deux versements de chacun 250 francs.